顶级造型师
Eita 的
星级美妆术

（日）荣太　著　　马金娥　译

辽宁科学技术出版社
·沈阳·

目录

我的灵感女神——后藤久美子

Eita 美妆术的"标准"是什么?

在巴黎,我们初次相遇。当时我还只是个助手,而年轻的后藤久美子已作为女艺人开始大展头角。

再次相遇是在她居住的阿维尼翁。

作为职业美妆师独立之后,我曾为她做过几次美妆美发,她一直是那么完美。

不但长得美丽,生活方式也极优雅。

当准备传授 Eita 美妆"标准"时,最先浮现于脑海的便是后藤久美子。

我想用美妆表现的女性形象或许正是来自后藤久美子。

Eita与久美子 一封来自阿维尼翁的信

美妆小故事 1

虽然肌肤护理好好做，但美妆却不时小小偷下懒。

说得好听一些，这就是慵懒"巴黎风"的象征——棉质美妆，宛如刚洗过的白衬衫般纯白无暇。"其实几乎是素颜，仅用遮瑕霜稍加修饰。"（Eita）

如沐浴过朝露般纯净舒爽的样子，也被称作Eita流的素颜美妆决定版。

Eita与久美子 一封来自阿维尼翁的信

美妆小故事 2

"因为想展示不加修饰之美，就没有涂粉底。"虽是毫不费时的简单妆容，却能打造出让人惊叹的美丽肌肤。

如包裹在优质克什米尔羊毛披肩里一般，给所见之人带来丝丝温暖气息，这便是克什米尔肌肤美妆，像照射在长满橄榄树的庭院里的阳光般柔和温暖。

Eita与久美子　一封来自阿维尼翁的信

美妆小故事3

幸福无比的午后，一边享受着从远海吹来的海风轻抚脸颊，一边在一旁幸福地看着孩子们欢闹嬉戏。"华丽的盛装，灿烂的笑容，此时必不可少的便是如丝绸般光洁的肌肤和神秘梦幻的眼神。"

梦幻丝绸美妆使肌肤如极品丝绸般美丽光洁，就像深居森林的仙女那般神秘梦幻。

Eita与久美子，在阿维尼翁的小憩时间

Eita（以下简称E）：其实说起来我和久美一家都是有交情的。

久美子（以下简称K）：是啊。对我来说，你既是好友，又是家人。

E：我和久美妈妈谈话也不会感觉不自在，而且阿姨对我父母也是真心相待。虽然我年龄较大，但你却更像姐姐。

K：呵呵，虽然年龄有些差距，但是我俩很像双胞胎吧？

E：咱俩之间没有秘密。久别重逢时就急着把这事那事全都告诉你，你或许比我家里任何人都了解我的近况。现在我工作的中心移到了东京，虽然见面次数比以前少了，但是每次都变得更亲密！

K：听说你将据点迁到东京时，我很担心。你长时间在巴黎生活，我担心你不适应东京的风格。说心里话，也许是我不希望你适应东京的风格吧……付出大量时间和精力享受生活的欧美风格，在日本是很难推行的。但我知道你是了解了这一切，相信自己能做到才迁往东京的。

E：在巴黎生活了20年，来去都很自由。不管在何地，只要想和你见面便会动身前往，（即使我迁往了东京）今后也不会发生改变。当然今后的工作也会和往昔一样，和你好好地合作。

K：我俩志同道合，从未因工作的事发生过冲突。因为相信你的技术和才能，所以化妆的工作才会完全交由你处理。

E：你太尊敬我了，所以我想怎么捣鼓就怎么捣鼓（笑）。

K：即使化完妆也没照镜子的必要，我没有丝毫的担心。

E：你这样说我好开心啊。记得在那个男装主题的时候，还给你化了胡子的妆。

Eita 与久美子

2001年在阿维尼翁久美的家里再次相逢，与已是两个孩子母亲的她尽情嬉戏。

和久美一起去意大利南部巡游，留下了很多美好的回忆。

"因为相信Eita的技术和才能，所以妆发的工作完全交由他自由处理。"

久美子

像我这样敢在后藤久美子的脸上画胡子的化妆师，恐怕是前无古人后无来者吧（笑）。你私下里要穿着打扮或急需美发的时候也要联系我啊，比如家族仪式呀，七五三节或开家庭派对的时候，你信任依赖我会让我感到十分高兴。

K：那是当然，因为我们已是一家人了啊，你对孩子们也是百般疼爱。

E：就好像是亲戚家大叔一样吧。

K：这几年你一直都是和我全家人一起旅行的。

E：看着孩子们成长，我非常高兴，一起乘坐游艇旅行也成为了美好的回忆。

K：如果夏天没见到面，就在冬天见面。

E：像这次我们在卡普里会合，从那不勒斯出发乘游艇巡游。这在日本是很难享受到的豪华旅行方式，而这些都是你教给我的，这都成为我创作的灵感源泉。最重要的是，大家都对我很好，让我非常开心。对我来说，久美的一切如黄金分割般均衡协调，不仅长得漂亮，而且生活方式、人生态度、对健康的看法，全都非常让人敬佩。

K：我喜欢你静站时的样子，优雅高贵，无论在哪儿都不会丢脸（笑）。也许是因为出生于日本舞蹈世家的缘故吧？

E：或许是来到巴黎后，在上流社会人士聚集的沙龙上长期锻炼的结果吧。

K：你化出的妆，总有种说不出的高雅，用一句话说，就是清洁感，或者说如黑洞般深不可测（笑）？我觉得你的美妆有十分强的可塑性。

E：谢谢，我会继续成长，提高自己技术的。

在阿维尼翁久美家的葡萄园里摘葡萄，还有当时拍下的石榴和橡子照片。

为了参加新年派对，去了阿维尼翁，和久美轮流下厨。好像我也是家族的一员。

"久美太尊敬我了，所以我想怎么捣鼓就怎么捣鼓（笑）。"

Eita

K：我俩的关系也要互相激励不断成长哦。

E：只要一有机会，就一定会为你化妆的。等到我的技术更成熟，就能达到只化一个地方就能完成整个妆容的超快速境界。我认为重要的是，怎样才能尽量不化妆？怎样才能在不破坏原来平衡的基础上完成妆容？要达到这种境界，咱俩必须要长期来往了。

K：先涂上粉底，再一点点去掉，不是吗？

E：但并非仅仅如此。

K：我常在想，你在为我化妆的时候，我感觉非常舒服，你给我做的发型也非常棒，很有品位，你给我做的和服妆发既快速又漂亮，让我误以为非常简单，觉得自己也可以做到……

E：我喜欢做美发，化妆是细致的工作，但发型却需要营造一个大的、整体的感觉，它可以使给人的感觉发生180°大转变。

K：和往常一样，这次的拍摄也是在很放松的情况下一眨眼就完成了。

E：因为你不喜欢拖拖拉拉啊（笑）。

K：我们都了解彼此想要的，所以才很快！

E：不管怎么说，这次拍摄太愉快了，一直笑个不停，你笑得眼线都快花了。

K：哈哈，漂亮是要由内至外散发出来的。度过愉快的时间、多笑笑是很重要的。

E：今年也要一起去旅行哦。

K：嗯，好想和你一起去意大利做葡萄疗养spa呀。

E：为了散发由内至外的魅力，也一定要去啊，是吧？

和久美一家到意大利南部旅游是每年的惯例。在意大利索伦托附近拍摄的照片。

久美第三个孩子出生后在阿维尼翁拍摄的照片。右边的是英国牛头梗温斯顿（Winston）！

2010年夏，不丹圣地之旅。Spa、巡游圣地，过了一把属于大人旅行之瘾。

Eita与久美子 一封来自阿维尼翁的信

美妆小故事 4

"散发着灵气的惊艳之美，让人倒吸一口气。"当身穿做工精良的丝绒连身裙时，这种美便会自然散发。凸显脸部轮廓，并与肌肤之美形成对比。让魅力由内至外散发出来的，正是Eita流的最高级美妆。

丝绒美妆，尽显女性高雅之美。

What is Eita's Make-up?

什么是Eita的美妆术?

为了成为一名优秀的化妆师，来法国已经有20年了。

我曾为那些在日本绝对不能一睹真颜的世界超一流名人做发型设计，还多次作为首席化妆师参加巴黎高级时装展览会。

在平常的日子里，我总会静静感受那些坐在咖啡馆谈天的巴黎女性的时尚气息，或是远远眺望那些观赏歌剧的盛装打扮的淑女们……

巴黎的女性不喜欢被束缚，这是我在日常生活中体会到的。

不仅仅是恋爱，化妆、时尚方面也是一样。

她们非常注重舒适感，坚持做真实的自己。

所以，比起完美无瑕的妆发，略微慵懒松散却不失高雅清透感，且很有自我风格的妆发更受巴黎女性的喜爱。

对个性的强烈欲望、对美的完美诠释，在集二者于一体的巴黎，经过打磨并诞生的正是简约却不失高雅奢华的Eita流美妆术。

从素颜妆容到晚会妆容，Eita的4种美妆方案给追求完美主义的日本美妆增添了些许重视舒适感的巴黎美妆精髓，帮助你打造人见人爱、舒适优雅的美妆。

Eita's SKINCARE THEORY

Eita的肌肤护理理论

边卸妆边保湿，再用美容液按摩……诞生于时间紧迫的巴黎时装展览会后台的超简单肌肤护理。减少肌肤负担，透明感效果持久，而且不需要担心妆会花掉。

1

2

清洁保湿，早晚肌肤护理第一步

用化妆棉蘸取适量清洁保湿两用化妆水，从脸的中心开始至胸部，一边清洁一边护理。红肿处请轻轻拍打，不要漏掉容易变得粗糙干燥的T字区及鼻翼周边。

不要心疼美容液，要大量涂抹

取大量具有保湿和抗衰老护理双重功效的美容液于手背上，用手指快速涂抹于一边脸，然后再涂另一边。美容液涂抹得均匀全面，会提升按摩护理的效果，血液循环变好，美容液的渗透力也会骤然提升！

（左）仅需擦拭就可以，因此在慌乱繁忙的后台大受青睐，洁面膏、洗面奶、化妆水功能三合一。BIODERMA Sensibio H2O D 250ml/JEAN PEARL
(右)使肌肤变得娇嫩清爽、更加润泽的化妆水。Hydramax+Active Nanolotion Fresh150ml/CHANEL

3

4

按摩时注意肌肉和淋巴的走向

　　将中指指腹放在鼻翼沟处并轻推，使美容液得到吸收。鼻翼周围进行3次画圈按摩，可以强化鼻部肌肉、消除双颊松弛、使鼻梁看起来更挺直。

小脸效果与面部提升效果

　　用两手手指指腹，沿脸部轮廓，从下颌部至与耳朵交界的凹陷处来回按摩3次，这样可以刺激淋巴管，使体内废物集中到耳下腺，从而起到小脸效果。

此款活力美容液提取了生长在恶劣环境下植物的原始细胞成分，与抗衰老成分相融合，可以提升肌肤状态。
Prodigy P.C. Serum 30ml/
Helena Rubinstein

5

6

将体内废物排出体外的淋巴按摩疗法

用手指沿耳前凹陷处、耳朵下方、脖颈、锁骨顺序进行按摩，这样可使沉积在体内的废物集中到淋巴腺并排出体外。仅重复3次，就可以提升肌肤的透明感以及妆容的持久力。

提拉护理，拉紧双颊、保湿

将双手手掌放在两颊上，轻轻使力向外、向上提拉。用手掌轻压使美容成分被充分吸收，肌肤一整天都不会黯沉、干燥。

Eita的最爱小物件　　【Eita美妆术】必不可少的化妆棉、乳霜、喷雾。

在巴黎，这种化妆棉在普通的超市就有销售，非常受欢迎。因为它是圆形的，所以眼窝处也可使用，而且在擦拭过后也不会留下任何纤维，所以非常好用。Demak' Up Sensitive Silk /个人物品

清爽且不黏腻，肌肤瞬间充满活力！含有高浓度抗老化成分。Takami Skin Cream Plus 31g/TAKAMI-LABO

7

8

额头护理，赶走抬头纹

　　用指腹从眉间至发际方向向上提拉，然后从中间先向右再向左拉紧，反复几次回到中间后，结束。如果美容液积在发际处也不要擦掉，因为在下个步骤当中会用到。

最后，头部按摩巩固提拉效果

　　利用积存在发际处的美容液做头部按摩。用双手指腹对头皮进行揉捏，至头顶。重复3次后，血液循环会变好，脸部提升效果也会更加持久。

时刻装在化妆包里的、属于我的"3种神器"。

此喷雾内含3种有机精华液，为肌肤增添润泽。丝柏的香气让人心情舒爽。只需轻轻一喷，就可使肌肤获得新生。Aroma Hydro Mist 100ml/AWAKE

9

10

将乳液点在5处，一处不落地将整张脸涂满

涂乳液是防止肌肤润泽流失的重要步骤。取适量乳液点在脸上5处，用手掌向外进行涂抹。易干燥的外眼角及嘴边要细心涂抹。

脸部推拿，使油份膜更均匀渗透

在脸上涂满乳液后，用手掌将脸包起来进行推拿，使油份膜均匀布满全脸。脖子至胸部也是脸的一部分，要记得用相同方法进行推拿。干性肌肤的人最好使用乳霜替代乳液。

此款美容乳液富含天然植物成分，可使肌肤散发新活力，并能够提升接下来要涂抹的护肤品的渗透力。Sisley Ecological Compound 125ml/ Sisley Japan

11

兼具隔离效果的UV护理也属于肌肤护理的范畴

取适量兼具隔离效果的UV护肤品于手背上，用手指均匀涂满整脸，脖子也要细心涂抹，不能忘掉。隔离和UV护理同时完成，既轻薄又不用担心妆会花掉。

此款UV隔离乳液涂起来即轻柔又易于吸收。爽滑无比，适合各种粉底！且没有厚重膜感。The SPF 30 UV Protecting Fluid SPF30 40ml/DE LA MER

美容液

玫瑰润滑精华和剑叶兰的珍贵蜂蜜成分给肌肤带来年轻活力，使肌肤变得光泽有弹力。Prestige Satin Nectar 30ml/ Parfum Christian Dior

乳液

渗透力强，可使肌肤迅速吸收，用起来非常舒适，使肌肤由内至外都弹力十足。AQ Meliority Repair Emulsion 200ml/COSME DECORTE

霜

玫瑰香气带来完美治愈效果，质感轻盈，强化保湿功能，防止老化。Chantecaille Biodynamic Lifting Cream 50ml/Expert Beauté

抗老化乳霜，似要融化般的奢华质感。即使皮肤严重干燥，也可轻松恢复。Orchidée Impériale Cream 50ml/GUERLAIN

UV

高SPF值UV乳液，具有肌肤护理和妆底隔离双重功效。UV隔离防晒效果及保湿效果显著，是外景拍摄的必需品。Absolue βx UV SPF50/PA++30ml/LANCOME

Coton Skin Make-up

棉质美妆

　　不过于一本正经，会让人心情舒爽。说得好听一些，慵懒是"巴黎风"的象征。清晨，淋浴过后简简单单地化点妆，便起身前往咖啡馆。宛如刚洗晒过的衬衫般，充满着暖暖的阳光味道——这就是棉质美妆。

→在肌肤护理完成基础上开始

1

2

柔和遮瑕霜，遮盖黯沉部分

这款遮瑕霜柔和爽滑，对脸部容易黯沉、起皱的部分遮瑕效果显著。眼睛下方要从中央向斜下方涂抹，鼻翼周围要画圈涂抹，嘴角下方要直线涂抹。

用手指轻轻拍打，使遮瑕霜与肌肤融为一体

用不容易使力的无名指轻轻拍打。遮瑕霜最好选取比肤色亮一些的颜色，这样涂抹完后会显得自然。

由于眼睛、嘴周动作幅度大，容易起皱，所以要选取柔和易涂匀的遮瑕霜。遮住黯沉、色斑，还你明亮、透明。Radiant Touch 1/YVES SAINT LAURENT Beaute

3

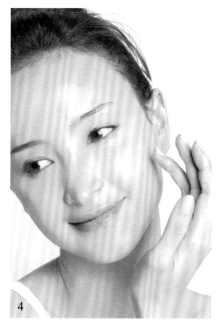

4

点式涂抹，遮住色斑及粉刺痕迹

　　用黏着力强、质地稍硬的遮瑕霜来对付醒目的色斑和粉刺。用手指蘸取适量遮瑕霜，蜻蜓点水式地在需遮盖处点几下。在使用时选取颜色稍浓或带黄色的遮瑕霜，会看起来更自然。

用手指轻拍，使其完全融于肌肤

　　用无名指轻拍，使遮瑕霜晕开融于肌肤。宛如橡皮擦擦过一般不留痕迹，色斑、粉刺悄然消失。

Eita的最爱小物件

　　此款遮瑕霜不仅遮瑕效果显著，完成后的质感也非常令人满意。添加护理成分，想使肌肤变得有光泽或是干燥皮肤的人尤其推荐。

　　正中央富含治愈修补成分，独特新颖，保湿遮瑕效果显著持久。Chantecaille Bio Lift Concealer Camomile/ Expert Beauté

质地稍硬的遮瑕霜，适于粉刺、色斑的点式遮瑕。涂抹于肌肤后，会变成膏状，黏着力强，效果超自然。Pro Concealer 5YR Medium/Shu Uemura

5

6

点3点膏状腮红，提升血色

此步骤需使用质地爽滑细腻、融于肌肤的膏状腮红。用手指蘸取适量腮红膏在脸上点3下：第1下点在颧骨最高处的稍下方，然后朝耳根方向依次点第2下、第3下。

手指轻拍椭圆形晕色，打造红润双颊

沿颧骨用手指轻拍腮红膏，进行椭圆形晕色，记得用力要轻柔。

在双颊随意涂抹，轻轻拍打就能均匀晕色，既自然又简单。质感爽滑细腻，嘴唇、双颊都可使用 。 Pot Rouge 11 /BOBBI BROWN

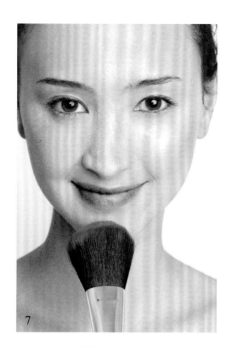

7

8

易出油脱妆的T字区，要刷层薄粉

用散粉刷蘸取适量散粉，轻轻刷在额头、鼻子至下巴的T字区，防止出油脱妆。若珍珠粉太多，会看起来会不自然，所以最好选取自然些的散粉。

若粉太厚看起来会不自然，所以需去掉多余的粉

用同一粉刷将多余的粉轻轻扫掉。若是粉太厚，会降低自然的润泽感，虽会给人优雅的印象，但这在巴黎女性独特简约的棉质美妆里是不需要的。

此款散粉会使肌肤如被轻柔高级的薄纱包裹住一般，变得细腻平滑。非常适合打造自然润泽肌肤。Poudre Universelle Libre20/CHANEL

100%灰松鼠毛质地粉刷，柔韧到底，触感轻柔。因为需要轻轻上粉，所以要选取浓密且富有适度弹性的粉刷。Face Brush 23SQU/竹田BRUSH

9

10

睫毛夹，让睫毛自然卷翘

选取适合自己眼部形状的睫毛夹，使睫毛瞬间变得卷翘。若是直接从中央开始夹会显得过于可爱，最好先夹住睫毛根部，然后一点点向前移动，形成自然的扇形。

迷你局部睫毛夹，应对角落睫毛

角落的睫毛很容易夹不到，眼尾的睫毛若下垂，很容易给人造成眼角下垂的印象，所以要用迷你睫毛夹仔细进行补夹。

通过研究日本女性的眼睑形状而设计出的睫毛夹，形状和眼型保持一致，即使既下垂又短的睫毛也能瞬间变得卷翘。资生堂 Eyelash Curler 213/资生堂

迷你局部睫毛夹，可轻松应对眼角细短杂乱的睫毛。想使睫毛变得更加卷翘，此款睫毛夹效果也十分显著。L Eyelash Curler Mini N/KOSE

11

12

镊子型局部睫毛夹，使弧度更加完美

广受专业人士青睐的镊子型局部睫毛夹，看起来似乎很难操作，但使用方法和其他睫毛夹一样。想使部分睫毛变得卷翘时使用十分便利。

将睫毛膏Z形涂刷，增强眼睛电力

将纤长效果睫毛膏从睫毛根部开始，进行Z形涂刷，扇形弧度可提升美人度。将可弯曲睫毛刷调节成45°，在涂刷惯用手另一边的眼睫毛时会更加容易。

想使哪根睫毛卷翘，就能使哪根睫毛卷翘。镊子型局部睫毛夹，使睫毛弧度更加完美。Canmake Point Curler/井田Laboratories

可深入睫毛根部的细长睫毛刷，涂刷效果均匀。即使多涂几次，睫毛也不会黏结，可自由调节睫毛的浓密程度。Lash Power Volumizing Mascara 01/Clinique Laboratories

13

14

抚平唇纹，还你婴儿般粉红水润的完美双唇

用手指蘸取适量兼具美容和化妆效果的润唇膏，轻拍嘴唇抚平唇纹。将嘴微微张开，以便嘴角处也能得到滋润。粉红色嘴唇是透明感和年轻的象征哦！

棉质美妆完成！穿上便装，向早咖啡出发

即使不上粉底，也不会给人偷懒的感觉！宛如刚洗过的衬衫般纯白无暇而又娇嫩新鲜，这就是棉质美妆！巴黎女性就是这样身着便装，带着纯素的妆容去喝早咖啡的。

富含抗衰老成分和保湿成分。有效改善黯沉，提升血色，给你水润饱满如婴儿般粉红的双唇。Takami Lip Essence Plus 6g/TAKAMI LABO

棉质美妆，让你感受
素颜之美。

克什米尔美妆

　　虽然又薄又轻，却让人暖到心底，有着如克什米尔羊毛般的柔软质感，让人不禁联想到简·伯金。这款妆容即使在办公场所也不会显得不协调，给人一种简约的"干练感"。

→在棉质美妆完成的基础上开始

1

2

用眼线笔填满睫毛空隙处

从内眼角至外眼角，用深棕色眼线笔仔细地将上睫毛空隙处填满，提升眼睛电力！使用深棕色不会使眼睛看起来很凶，整体显得很温柔。

眼线尾部不要超出天生的眼尾，要保留睫毛的真实感

有些人会认为将眼线画出天生眼尾之外，眼睛会显得更大，但其实若眼线太过于显眼，眼睛反而看起来更小。在睫毛上做足工夫自然会使眼睛看起来更大。

触感轻柔，笔触顺滑。深棕色容易着色，效果更清晰。防水眼线笔597/Parfum Christian Dior

粉状腮红，提升血色

在棉质美妆过程中已经抹好了膏状腮红，在此基础上再扑一层粉状腮红来提升血色。以笑肌为中心，用画圆的方式向外轻轻扑粉。

指腹轻拍，自然将腮红晕开

用手指指腹轻轻拍打，将粉状腮红自然晕开。从脸颊中央向外侧轻轻以椭圆状晕开，会有种朦胧感。

此款腮红前端带有粉扑，只需轻轻一碰就可以了，动作本身也非常可爱哦！Touche Brush 1/ YVES SAINT LAURENT Beaute

5

6

直接涂抹口红时的洒脱感性魅力

将通透且富有光泽的口红直接涂抹在嘴唇上。如果仔细描出轮廓的话，优雅感会骤然提升。但我们追求的是轻松休闲的感觉，只要直接轻轻涂抹，做到稍微着色就可以了。

用手指轻拍，完成唇部模糊轮廓

用指腹从嘴唇中央向外侧轻轻拍打。轻撅嘴唇，使唇纹部分也可以着色。模糊的唇部轮廓是我们的目标！

富含护理成分，让你的双唇饱满且富有弹性。漂亮的珊瑚橘色，让双唇更显润泽、透明。Wanted Rouge Fatale 202/HELENA RUBINSTEIN

7

如克什米尔羊毛般高级、舒适的标准美妆

在棉质美妆的基础上，使眼睛更有神，面色更红润，用口红使棉质美妆瞬间升级而成的克什米尔美妆，是一款适用于办公、用餐、休假的超舒适美妆。

让人惊叹的肌肤质感，散发着
美丽的光芒，如克什米尔羊毛
般暖人心房。

Fairy Silk Make-up

梦幻丝绸美妆

柔美且富有光泽的连衣裙，正是女性高雅气质和高尚品格的象征。如丝绸能变换为缎子、塔夫绸一般，有着多面风采，就是梦幻丝绸美妆的魅力所在。

→在肌肤护理完成的基础上开始

1

2

打底妆，给肌肤"整洁感"

　　从P27的UV护理步骤开始，用手指蘸取1cm珍珠大小的粉底液，分别涂在额头、两颊、下颌、鼻尖5处。注意要选取薄透型粉底液。

涂抹小技巧

　　按中央至外侧的顺序，用手指仔细将粉底均匀抹开，使之紧贴肌肤。妆容易花掉的鼻翼部分要更加仔细。

液态粉底，让你的肌肤由内至外散发出自然光芒。遮掉黯沉、色斑，还你无暇肌肤。Teint Miracle0-025 SPF15/PA++ 30ml/LANCOME

3

6

脖子、耳朵、发际，也不要忘记涂抹

若是脸和脸周的界限太分明的话，会显得很不自然，所以发际、脖子、耳垂处也要记得好好涂抹。黑眼圈、雀斑等稍后用遮瑕霜进行遮盖。

深棕色眼线笔加深眼线，提升乌黑大眼睛印象

用深棕色眼线笔仔细描绘，记得靠近外眼角处要比内眼角处画得粗一些，营造出酷且理性的感觉。但是，不必将眼线画出天生眼尾外。

4、5请参照P32的5、6步骤

4

5

散发着金色珠光的棕色眼线笔，使用简单易操作。控油，质地柔软贴肤。
Addiction Eyeliner Pencil Brown Bunny/ Addiction Beauty

7

8

王道棕色演绎自然立体感

用中指蘸取适量棕色眼影，从中间向左右涂抹在眼窝处，演绎自然的立体感。注意不要超出眼窝。

下眼睑眼线处用剩下的眼影稍作阴影

将留在手指上的眼影轻轻抹在下眼睑的外眼角处。从外眼角至中央，往复1次即可。若将外眼角颜色稍浓一些就算成功了。

分季发售的新色系，配色绝妙。让你跃跃欲试，无法不关注，给你的眼睑增添自然棕色系阴影。Les 4 Ombres 18/Chanel

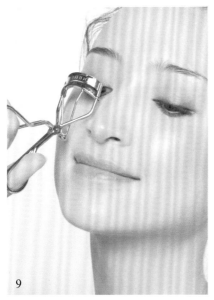

将自然卷翘的睫毛坚持到底

用睫毛夹使睫毛变得自然卷翘。若是直接从中央开始夹会略显稚嫩，最好先夹住睫毛根部，然后一点点向前移动，形成自然的扇形。

逐根进行纵式涂抹，睫毛如花瓣般美丽

涂抹下眼睫毛时，要从睫毛根部开始向下一根一根地涂抹睫毛膏。这样可以加长眼睛的纵向长度，使眼睛看起来更大，如花瓣盛开一般。

9

10

11

Z形涂抹，加深睫毛印象

不惜花费时间打造女性气质，是丝绸美妆的目标。为了使睫毛给人留下深刻印象，可以把睫毛分成3段，从睫毛根部开始向前端进行Z形涂抹，每段重复两次。

使睫毛变得根根分明的同时，还能进行均匀的涂抹，令每根眼睫毛都丰厚浓密。Eyes To Kill Waterproof 1/Giorgio Armani cosmetics

12

13

粉米色唇膏，接近肤色的自然色

为了营造婀娜娴静、柔美光洁的女性形象，唇妆最好选择既不过素又不过艳的粉米色系。薄透且富有光泽的粉米色，与肤色相近，能展现自然的血色感。

唇线笔打造好修养之印象

松弛的嘴唇在工作中会显得不太正式。用与唇膏同色系的唇线笔沿嘴唇的外缘仔细描画，勾勒出整洁的唇形。

仿佛能在嘴唇上瞬间融化般的爽滑触感，如丝绸般富有光泽的粉米色。Rouge D'Armani beige100/Giorgio Armani cosmetics

Eita的最爱小物件

在丝绸美妆中，推荐使用珠光感不强、不太富光泽、与肌肤颜色相近的唇膏。唇妆可以提升整个面部妆容的亮眼度，整体感觉很均衡。
富有透明感的紫红色唇膏，着色效果显著，内含调节成分令你的嘴唇润透饱满。Pure Color Gloss Stick 10/Estée Lauder

14

上唇舒缓柔和的唇峰线条，可使可爱度增加30%

　　需用唇线笔仔细勾勒出轮廓的只有下唇，上唇线条要柔和一些。若是上唇也轮廓分明，会给人一种严苛、古板的印象，让你看起来年龄增大。这点一定要注意哦！

直接涂上口红后用唇线笔调整唇部轮廓，会使嘴唇看起来更迷人，选取软硬适中的唇线笔是关键。Lip Pencil Subculture/M.A.C

与肤色超搭配的粉米色唇膏，触感爽滑，让你的双唇由内至外润透饱满，表面清爽不油腻，纤细的光泽让你的双唇立体感十足。Rouge Coco 15/CHANEL

唇膏中黄色颜料的量进行了微调，更能适应亚洲女性的肤色。这款沉稳的米色唇膏尤其推荐给粉色系肌肤的女性使用。Wanted Rouge Fatale 302/HELENA RUBINSTEIN

15

16

提升血色

用蘸有适量腮红的腮红刷垂直按涂在笑肌上两次，提升血色感！

沿颧骨外缘Z形涂抹

以笑肌最高处，斜向上至太阳穴处，进行Z形涂抹，动作要小。两颊反复细致涂抹两次即可，可令你的脸颊红润迷人。

着色清晰的粉红色，搭配轻薄透明的橘色，提升珠光光辉。质感截然不同的两色蜜粉，给你带来惊喜体验。Jill Stuart Brush Blossom 02/ Jill Stuart Beauty

17

18

轻扑一层散粉

　　用大散粉刷蘸取适量散粉，以T字区为中心向外在全脸轻轻扫一层。漂亮的珠光质感弥补了油腻T字区的缺陷，使整体感觉高贵优雅。

人见人爱的梦幻丝绸肌肤

　　不管何时何地都能做到人见人爱的万能美妆。高级的光泽感将你的高修养展现无遗，颇有欧洲之风。

质感轻盈，与肌肤的黏着性好，定妆效果显著。在劳累或肌肤黯沉时，也能让你瞬间拥有通透且富有光泽的肌肤。 THE POWDER/DE LA MER

如丝般的顺滑、纯净的香气，
充满爱的诱惑。

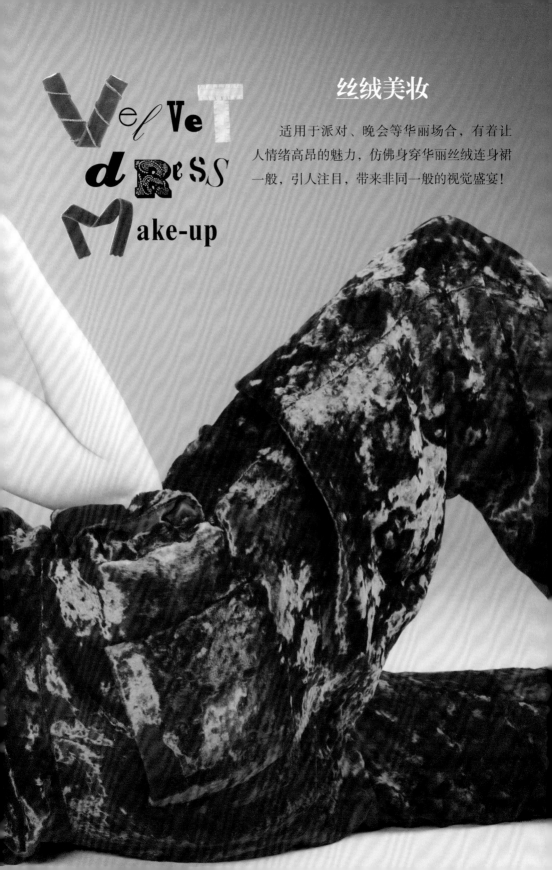

VelVeT dReSS Make-up

丝绒美妆

适用于派对、晚会等华丽场合，有着让人情绪高昂的魅力，仿佛身穿华丽丝绒连身裙一般，引人注目，带来非同一般的视觉盛宴！

→在丝绸美妆完成的基础上开始

1

2

黑色眼线笔加深眼部轮廓

在已有的深棕色眼线基础上，用黑色眼线笔从内眼角至外眼角再画一次眼线，注意不要超过天生眼尾。

深灰色眼影，打造横长杏仁眼

用中指蘸取适量深灰色眼影，从眼睑中央向两侧涂抹，打造横长杏仁眼。张开眼睛后，眼影若稍稍超出双眼皮的范围，是最理想的。

清晰的黑色眼线笔，让你拥有鲜明有神的眼部轮廓。最好使用笔芯柔软，触感爽滑的眼线笔。Long Lasting Eye PencilN1/ YVES SAINT LAURENT Beaute

有着不同质感的灰色系渐变式5色魅惑眼影，让你的眼睛更显深邃、立体。5 Couleurs Designer 008/ Parfums Christion Dior

3

4

内眼线，给你迷人电眼

　　用黑色眼线笔在下睫毛的黏膜部分沿外眼角至内眼角方向，快速画上内眼线，最好选取不易晕染的眼线笔。

在下眼睑处涂上灰色眼影，展现性感美目

　　将灰色眼影涂在下眼睑外侧，用手指仔细晕开后，会和内眼线连为一体，使眼睛看起来更大、更立体。若要保持高雅感，注意不要将眼影涂于眼袋外。

5

6

眼线液笔，为上睫毛增添黑色光泽

用黑色眼线液笔在之前用黑色眼线笔描出的眼线稍内侧、眼睫毛根部最边缘处从内眼角开始至外眼角再画条眼线，以增添黑色光泽。

要想让眼睛看起来更大，眼线尾部要短，且不能上扬

眼线若是过分上扬，会给人古典正统的感觉。因此这次的眼线尾部要短，只要平行并稍微超出天生眼尾就可以了。

自动笔式浓黑眼线液笔，富有光泽，着色清晰，使用方便。长时间也不会晕染、脱妆。SHISEIDO Automatic Fine Eyeliner BK901/资生堂 International

7

8

浓密型睫毛膏，创造3D立体效果

之前已利用加长型睫毛膏使睫毛变得纤长，这次则以使眼睛看起来更大的3D立体效果为目标。将足量浓密型睫毛膏涂在上睫毛靠近眼尾的1/3处，使眼睛看起来立体感十足。

下眼睑眼尾性感带，纵式涂抹

将浓密型睫毛膏涂在靠近眼尾1/3处的下眼睫毛上，顺着睫毛的生长方向，由根部向下逐根进行纵式涂抹。下眼睫毛根根分明，3D效果立现，瞬间性感升级！

令睫毛保持持久卷翘，也可作为打底睫毛膏使用。前端附有纤维，使睫毛瞬间纤长、卷翘。Kiss Me Heroine Make Long & Curl Mascara N/伊势半

从睫毛根部开始实现浓密升级，使睫毛保持长时间柔韧卷翘的魅力睫毛膏。Lash Queen Sexy Black WP 01/Helena Rubinstein

9

10

眉妆的基本，从梳理眉毛开始

先用眉刷似将眉毛挑起般由下至上梳理，再沿眉头向眉尾进行顺毛梳理，最后将眉头向上刷高。眉毛浓密的人，仅靠这一步骤就妆感十足。

眉粉打造自然毛量感

用眉刷蘸取适量眉粉，从眉头开始顺着眉毛的生长方向（斜向上），轻轻扫向眉尾。若是将眉毛的空隙处也填满，会给人古板的印象，要注意哦。

螺旋型眉刷为你刷出理想的眉毛走势，给眉毛上色晕染时也非常有效，还可刷除睫毛上的结块物。100％尼龙毛。Eyebrow Brush MC/竹田 BRUSH

Eita的最爱小物件

顺应越来越趋向自然的美妆流行趋势，自然的眉妆也成了当下的主流。选取较自己眉毛略亮些的眉粉，可加深眉毛颜色。

用中间的棕色眉粉轻扫眉毛整体，再涂上左边的深棕色眉粉，可使眉毛看起来立体感十足。另外设有鼻影粉，会让你的五官更立体。Visee Powder Eyebrow BR300/ KOSE

质感轻盈、上色均匀美丽的棕色眼影。用眼影来描眉也可以哦，但最好选取珠光色不强烈的眼影。Ombre Essentielle 43/CHANEL

11

12

从眉峰起向斜下方转换眉刷方向

从眉峰起向斜下方转换眉刷方向，将眉刷横向移动。最好让眉毛中央部分颜色最浓。

眉尾不需过长，横向轻扫即可

从眉中央开始至眉尾斜向下轻扫，注意不要逆眉毛走势而行。虽说是晚会妆容，若是眉妆没有浓淡区别，则会丧失清洁感。

此款眉刷前端带有细密的软毛，触感舒适，着色均匀。100%黄鼬毛。Eyebrow Brush 8A/竹田BRUSH

SUQQU自然平衡眉粉盒，内含2种深色眉粉和1种将眉毛融于肌肤的淡棕色眉粉。内含多色眉粉调色板，根据妆容不同可对眉粉颜色进行微调节。SUQQU Balancing Eyebrow 01/ SUQQU

紧贴肌肤的细密眉粉，防汗、控油。附带螺旋型眉刷、斜角型眉刷，使用方便。Magie Deco Powder Eyebrow GY002/COSME DECORTE

13

14

深棕色眉粉，为眉妆画上完美句点

用眉刷蘸取适量眉粉，轻轻刷在眉毛中央。注意不要弄乱眉毛走向，均匀晕开。眉妆也需要浓淡不一的小变化哦。

同方法画好另外一边眉毛，完成！

确认好眉头的位置、眉峰的角度和位置、浓淡、两眉是否对称，即完成。因为眉毛可以直接显现时代感，为了防止出现差错，请用大镜子仔细检查眉毛的浓度、粗细等。

15

16

仅将唇中央着色

之前已用粉米色唇膏和唇线笔打底完毕，现在只需用鲜艳的玫瑰色系唇膏涂在上下嘴唇的中央即可。将唇膏垂直涂抹在嘴唇上，效果更好。

微撅嘴唇，加强着色效果

用中指轻拍唇纹缝隙及黏膜部分。微撅嘴唇，可使着色效果更显著。

富含10种天然治疗成分，让你拥有健康的饱满双唇。漂亮的珊瑚粉色，着色清晰。
Treatment Lip Shine SPF 15
01/Bobbi Brown

17

18

涂上莹亮唇蜜，唇妆完成

　　在嘴唇上涂满唇蜜，让嘴唇瞬间莹亮迷人。选取珠光感、金光感不过分强烈的莹亮唇蜜，可以很好地保持玫瑰色唇膏的颜色，使整体感觉纯净、高雅。回头率绝对高！

珊瑚色腮红，演绎更深层的血色感

　　用腮红刷蘸取适量珊瑚色腮红，轻轻扫在笑肌处。首先将腮红刷放平、然后将腮红刷竖起进行涂抹。

带有高级光泽的粉米色唇蜜。仿佛马上就要融化般的爽滑质感，富含肌肤护理成分，让你拥有饱满润泽的双唇。Kiss Kiss Essence Gloss460/Guerlain

如纺织细致的苏格兰呢般高雅的珊瑚色腮红，让你的面颊红润饱满，仿佛散发着珠光一般耀眼迷人。Les Tissages 20/CHANEL

19

20

轻扫双颊边缘部分

用腮红刷从笑肌最高处向外至耳根部轻轻扫上一层腮红，脸线、腮部轻扫两遍，这样从侧面也可展现立体感。

加强太阳穴至发际间的血色，提升女性气质

用腮红刷从笑肌开始，经过太阳穴至发际来回轻扫两次，既可增强脸部立体感，又能产生女性优雅气质。

此腮红刷轻轻一扫便能实现清晰上色。毛质富有弹性，容易晕染，可自由的进行渐变式上色。100%青染优质细毛山羊毛。Cheek Brush 15FG/竹田 Brush

古铜色散粉，演绎健康古铜色肌肤，最适合为脸部轮廓打阴影。在涂抹上的那一瞬间，脸部轮廓骤然收紧变小。永远的必备品。Terracotta Bronzing Powder 02/Guerlain

21

22

与华美盛装相匹敌的最高级美妆完成

炯炯有神的眼睛、红润饱满的双颊、性感迷人的嘴唇。整体感觉既不夸张又十分协调的立绒美妆，演绎盛装感，即使在昏暗的烛光下也会散发夺目光芒。

用假睫毛追求更豪华的感觉

若想使眼睛变得更加电力十足，就是部分用假睫毛该出场的时候啦。取适量专用胶水于手背，用镊子夹取假睫毛涂上适量专用胶水。由于边缘部分容易脱落，专用胶水最好涂两遍。

Eita的最爱小物件 　在给脸部打阴影的时候，最好选取与肤色相近的、稍带些黄色的棕色系或稍深些的肉色系散粉。

内含双色腮红，既可单用又可混用。颜色高雅时尚，与肤色完美搭配，可凸显脸部立体感。柔润爽滑的质感，是其特点之一。Paul&Joe Face Color 12/Paul&Joe Beaute

虽是轻柔粉体，却不会飞溅。棕色系4色腮红，触感轻柔，融入肌肤，着色均匀，可自由混合调整颜色。Le Prisme Blush 26/Parfums Givenchy

23

24

"以眼尾为起点"——不会失败的诀窍

稍置片刻后，以眼尾终点处为起点，用镊子夹取假睫毛粘在上眼睑睫毛根部。用棉棒或手指轻轻按压假睫毛根部，使其和真睫毛的弧度相吻合，然后用手指将真假睫毛一起夹一下。

比起手指更能牢固、灵活地夹取假睫毛，想将假睫毛粘在什么地方就粘在什么地方。夹持面无缝隙，前端的斜型构造使用起来更方便。KOBAKO Tweezer/贝印

用睫毛膏将真假睫毛粘合，完成

确认假睫毛黏在眼睛上后，最后用睫毛膏进行收尾工作——将真假睫毛一体化。眼尾处的睫毛膏要涂得浓一些，让眼睛电力十足！

半截式假睫毛，混合了黑、棕两色天然毛，与真睫毛自然吻合，让你的双眼电力十足。假睫毛根部透明，粘后显得非常自然。#20 Eyelash/M.A.C

棕色腮红，降低原本肤色色调，提升立体感。颜色高雅有光泽，与肌肤完美搭配。Magie Deco Face Color BR300/ COSME DECORTE （黛珂）

不可动摇的女性之美。
如身穿华丽丝绒连身裙
般优雅、美丽。

只需3步，轻松完成！

巴黎式挽发

为您提供3种巴黎式挽样式，蓬松、不做作的感觉，更显时尚。

轻轻散开发髻的瞬间，香气扑鼻，让你感受巴黎的精髓、恋爱的气息。

Comme une Etoile

圆舞曲线，魅惑 "熟女发髻"

1

挽发的关键——蓬松的3条麻花辫

正面头发需中分。脸颊两侧各留一缕头发，然后编出3条麻花辫（如图）。后面的大麻花辫需从脖颈发际处开始编。

　　巴黎女性所钟爱的挽发里面，没有一种是直线型的。也许这已经成为了一种癖好，发髻松软的曲线，宛如古典芭蕾一般，娴静却又不失华丽。柔美的脸部曲线搭配蓬松束发，再加上脸颊两侧轻轻摇摆的一束散发，更显慵懒、时尚。

2

将左右两条麻花辫在后面的大麻花辫根部交叉

将左右两条麻花辫以刚刚盖过耳朵的角度，交叉放在后面大麻花辫的根部，并用小黑卡固定住。纵向别入发卡，可以防止发辫翘起、脱落。发量多的人最好用两个发卡来固定。

3

轻轻一挽，漂亮发髻即可完成

将步骤2中仍处于散乱状态的左右麻花辫及后面的大麻花辫一起挽起，由外向内盘成发包，等距离的用两个U型发夹从上至下固定好。若是发髻仍有些晃动，可再加上几个发夹。

②

Ala Birkin

民族风"简·柏金式挽发"

1

用卷发棒制作内卷波浪

将头发分成5cm宽的发绺，然后用卷发棒将每绺头发卷成均匀的发卷。早上没有时间的人，可在前一天晚上睡觉前用海绵发卷提前做好准备。要制作"简·柏金式挽发"，最重要的是提前做好波浪卷，一定要记住哦。直径为32mm的卷发棒最适合此款造型时使用。

　　在法国，简·柏金式挽发是众多的成年女性都向往的，其特征是满满的蓬松感。仅需2~3个发夹，就可挽出优美梦幻且蓬松的发髻，自由奔放、怀旧且带有民族风气息。要想获得散开发髻的瞬间那一泻而下的蓬松波浪卷，需要事先好好处理。既不能紧绑，也不能硬拽，将蓬松坚持到底才是最重要的。

2

发髻之"芯"，小辫1条

将头顶处头发（直径10cm左右的圆形）用橡皮筋扎成1条小辫。这条小辫是支撑整个发髻的基础，所以一定要扎紧，不能松掉。做到这一步，就算已完成整个过程的80%了。

3

螺旋状缠绕，盘到"芯"上

用手将步骤2中小辫以外的发卷稍做梳理后，将它们逆向竖起并用梳子进行梳理，然后再将它们集中到一起，盘到小辫上，并用发卡固定住。最后，将小辫的头发轻松一盘、固定住，即可完成。

Bonnet à Fleur

"法国无边帽"式发髻，展现巴黎精髓

正面

1

将头发束在前方发际处

将事先用卷发棒或海绵发卷卷好的头发在前方发际处束成一缕，并歪向一侧。最佳位置是黑眼球垂直向上与发际的交界处。将发尾向下垂可防止零乱。

后面

Bonnet，在法语中指无边帽，作为婚礼上新娘佩戴的头饰或演绎盛装感时的佩饰而广为人知。用自己的头发做成无边帽形状的发髻，显得贤淑、优雅。垂在额头处的发量及发髻的大小，请根据自己的脸型进行调整。

2

用两个形状不同的发夹固定发髻

将发束根部拧一圈，将发束根部附近紧贴头皮的头发用小黑卡固定住，然后用U型发卡将拧过一圈的发束根部固定住。用形状不同的两种发卡固定效果更显著，也不会显得单调。

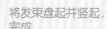

3

将发束盘起并竖起，完成

将发束绕已固定好的发束根部盘一圈，在发髻后侧用发卡固定住，这样从正面就看不到发卡了。将发尾的卷发竖起，制造出蓬松感觉。再将发髻的位置、形状稍作调整，垂在额头处，即可完成。

1、2. 开演前，后台挤满了舞者。

3. 巴黎著名设计师 Maryse Roussel 设计的帽子。

4. 在Lido，自己化妆是根本。我正透过镜子仔细观察。

Eita美妆的秘密

向您隆重介绍Eita亲眼所见、亲身所感及所学到的巴黎之美！

自然之美的精髓！

　　与红风车（巴黎剧场名）齐名、被巴黎引以为傲的娱乐最高峰——Lido，在这个被欣赏与欣赏交错的舞台上，有着向观众完美展现的表情、身体曲线、姿势、妆容。其中，舞者均匀完美的身体曲线更是让人惊叹不已。在Lido，有特殊的裸上身表演。面试也十分严格，若是发现有整形，则不能通过。在这里，自然的身体美极受重视，过瘦是不行的，体重要维持在标准体重上下2kg之内。因为我也在跳日本舞蹈，深知肌肉对保持年轻的身体曲线有多重要。所以看到这些舞者们时，会时常提醒自己要保持健康自然的身体曲线。

Lido剧场可一次性容纳1200名观众。要想让远离舞台的观众也能看清舞台上表演者的表情，大胆妆容是必须的。超级纤长假睫毛可使眼睛看起来更大。活跃在巴黎时装展览会的化妆师会为Lido的顶级舞者制定专门的妆容。顶级化妆大师Stephane Marais就曾亲手为这里的舞者化过妆，而Lido也因此以高质量妆容而出名。

这张照片所记录的是80年代的舞台。在不忘保持传统的同时，又时刻展现崭新、美丽的一面，值得一看的地方比比皆是。

Lido

1. 礼节性拜访身着统一红色长袍的舞者们。我有时也会从舞者身上取经。
2. 正向舞者仔细说明刘海会左右眼睛的大小。

3. 对Crazy Horse的舞者们来说，眼妆是最重要的。舞者们对利用假睫毛使眼睛看起来更大的方法很娴熟。

Paris
Beauty
02

偷学洗练妆发术！

Crazy Horse是稀有的裸体表演剧场，会场空间小，仅能容纳275名观众，舞者脸上的细微表情都能被观众一一看在眼里。舞者嘴唇上那鲜红的口红让人过目难忘。舞者使用的口红是统一发放的品牌，无光泽鲜艳红色有着"Crazy Horse Red"之称。虽然口红统一，但发型是自由的。因此，用发型来凸显自己的个性就变得很重要。当舞者们整齐排列时，探寻她们的个性差异也是种乐趣。女性朋友们可一起去欣赏这夜晚的稀有视觉盛宴。

美丽裸体舞者们的高质量舞蹈表演世界有名。麦当娜、克里斯蒂娜·阿奎莱拉等众多海外名人也是这里的常客。

Crazy Horse

架子上排列着的是芭蕾舞者
Eleonora Abbagnato的舞鞋。

连趾尖都优雅迷人的完美芭蕾造型！

巴黎歌剧院，欧洲传统文化的源泉，让你尽情享受芭蕾的独有魅力。灵活的手部技巧、脚尖技巧让你沉醉其中。如被线提起一般，那优美的站姿更是值得一看。习惯了被注视的女性们有一个共同点，就是充满了被注视的自信，并会将这种自信、喜悦传给周围的人。由这种自信而产生的美，正是我在巴黎学到的。

Paris
Beauty
03

1、2、3. 巴黎歌剧院，巴黎传统文化的象征，历时15年于1875年建成。建筑师沙尔勒·加尼叶的作品在当时171件应征作品中脱颖而出。剧院内部天花板上的绘画装饰，由沙尔勒·加尼叶亲手设计，极尽华丽，令人叹为观止，迎接着前来的观众。

Opera

在休息室与Eleonora谈论舞台上的妆容问题。Eleonora告诉我，巴黎歌剧院有专属的化妆师，自己在私底下只需要做好保湿护理就可以了。10点至16点是练习时间，19点公演开始，22点结束，回到家时经常是深夜了。个人的身体状况管理非常重要，平常比普通人更加注重健康饮食，而这需要很高的自我管理能力。

恋上巴黎，感受美之精髓

　　在巴黎的时候，一有时间我就会去钟爱的圣·图安（Saint-Ouen）跳蚤市场逛逛。本来是去店里搜寻珍藏的古老西装，但店里的人却会告诉你蕾丝的历史；在巴士底市场买水果时，会和街上的各色人群直接接触，这都是巴黎的魅力。

　　我喜欢在圣马丁运河和塞纳河的桥上散步。无论哪个季节，无论什么时间，巴黎都弥漫着美的气息，让你不得不爱。若是观光时间太短，难以体会到这种氛围，那就去咖啡厅吧。巴黎的文化深深扎根于咖啡厅，在那里你可以感受到巴黎的精髓。

在巴黎时装会上第一次作为首席化妆师，为Richard Voynet的高级时装新作发布会的模特化特化妆。蜂窝和直发两种质感截然不同的发型设计都受到了好评，但从照片上那严肃的表情也可以看出我当时有多紧张。

GIORGIO ARMANI
priv

STAFF
make-up st

ISAB
Printer

el ungaro

001

ELIE SAAB

MAKE UP

NINA RICCI
S.A.R.L Capital 5.500.000 Frs
39, Avenue Montaigne
75008 PARIS

BACKSTAGE
MAQUILLEUR

2008年JeanPaul Knott（让·保罗·诺特）的高级时装发布会。

DRIES VAN

MEN
S/S 2007

EITA
HASEGAWA

HAIR

LANVIN

Liu PAP Homme PE 99

sistant

GIAMBATTISTA VALLI
PARIS
Automne/Hiver 2006-2007
STAFF
vendredi 3 mars 2006 12h30
Musée de l'Homme

Montana

LE CARROUSEL DU LOUVRE
Salle Le Nôtre
Jeudi 15 oct.98-9H
COIFFEUR

STAFF
CELI

BACKSTAGE PASS
AUTOMNE-HIVER
2005-2006

FRANÇOIS

最初想去巴黎的最大理由是"要活跃在巴黎高级时装发布会的后台"！但实际上，到巴黎之后不久，我就作为师傅的助手进入了后台工作，因此这一愿望很快就实现了。让我高兴的是，在助手时代和我一样梦想着成为一流创造者的那些设计师伙伴们如今已成了顶级设计师，我们又可以一同工作了。巴黎时装发布会的沟通等，现场教会了我太多太多！我至今仍认为它就是这之后好不容易得到了业界的认可，我也成为了首席化妆师。与疲惫的模特间的交流、团队工作时与伙伴的沟通等，现场教会了我太多太多！需时刻追求创新、造就Eita美妆的原点。

MARDI 1er MA
CARROUSEL DU LOUVR
99 RUE DE RIVOL

Société ROMAIN
Nom EITA
Fonction COIFFEURS
Collection Prêt a Porter Féminin OCTOBRE 90
Cour Carrée du Louvre
Validité : du 21/10 au 22/10/90

CD

Jean Paul
GAULTIER
TECHNIQUE
BACKSTAGE

EITA HASEGAWA
MAKE UP

DEFILE PAP FEMME PRINTEMPS ETE 2007
MARDI 3 OCTOBRE 2006
14H30
325 rue Saint Martin
75003 Paris

ROCHA

Fall Winter 2005-20

Backstage
All Access

PE 07

HERMES
ALL ACCESS
PRESSE
MAQUILLAGE
Eita HASEGAWA

ESSE

er 2007/ A 16h00
e l'Union Interalliée
75008 PARIS

smalto
TECHNIQUE

2011年，作为首席化妆师参加了春夏切瑞蒂男装发布会（CERRUTI Men's Collection），在这次发布会上学到了很多，包括男式美妆、遮瑕霜的用法等。

Eita的历史

Eita美妆诞生之前

我母亲是日本舞蹈大家，父亲曾是赛车手，我是家里3个孩子中的长男，但是父母却没有因此以"你是哥哥"、"你是男孩子"而要求我做这个做那个。父母很尊重我的意见，我就是在这种自由的环境中成长起来的。

从我记事起身边就充满了身着和服的美丽成年女性。祖母很喜欢歌舞伎、宝塚歌剧，会经常带我一起去看戏。

我很喜欢看后台工作人员工作时的样子，每次有舞蹈会的时候，我都会潜入后台，看样学样地帮忙为表演者涂些粉或整理服饰。我还记得当时母亲及其弟子带着我化的妆站在舞台时，自己的心情是多么激动、高兴。中学时代，我曾一集不落地观看一档介绍世界最新流行趋势的潮流节目。在那个节目中，有着巴黎高级时装发布会那一华丽的世界，活跃在后台的设计师、模特、化妆师都是真实存在的。从那时起，我就下定决心要成为巴黎高级时装发布会上的化妆师。

对我来说，母亲既是我的舞蹈老师，又是刺激我感性的源泉。和母亲在蓬皮特艺术中心时的照片。

2008年，母亲在东京国立剧场表演。

从小时候起身边就充满了身着和服的美丽女性

所以，高中一毕业我就毫不犹豫地去了美容专科学校。白天学习美发、晚上学习化妆，就这样度过了我繁忙的学生生活。

1990年12月，我来到了巴黎。那时我右手拿着电饭煲，左手拿着收录两用机，带着小小的不安和大大的期望，将满满的梦想和希望塞在行李箱后，踏上了征程。这之后，缘分使然，我有幸来到Maurice Franck门下做他的助手。Maurice Franck当时是I.C.D（世界发型设计家协会）的世界名誉会长，可谓是顶极中的顶极。沙龙自是不必多说，在高级时装发布会上他也是集万千宠爱于一身。Maurice的沙龙，每天都挤满了名人和贵妇人。和久美子相识，也是在这个沙龙上。

女性真正的优雅是什么？巴黎的精髓是什么？从师傅Maurice Franck那里，

师傅Maurice Franck现居在诺曼底翁弗勒尔。我去游玩时拍下合照。

我对这两个问题有了彻底的认识。虽然已身居美容界泰斗这一高高在上的位置，但师傅却很宽大温柔、平易近人。他会不时和我说一些与玛琳·黛德丽（Marlene Dietrich）合作时的逸闻趣事，还有摄影时不为人知的小内幕。

Maurice Franck正在做示范教学工作，此时的我还是助手。照片中模特的妆容是我完成的。

怀揣梦想和希望，恋上巴黎20年

他还教我认识到了家庭的重要性。对我来说，这就是最好的学校，是他让我知道了"女性的优雅体现在发型和鞋子上"这一真理，也因为他我现在才能和好莱坞的女星们合作、交流，这一切都是师傅Maurice的功劳。

那些女性教给我的事

在Maurice门下做了5、6年的助手后，我终于独立了出来，之后便和法国人肩并肩，不顾一切地投入到了工作中。也正是从那个时候开始，我成为了巴黎时装展览会的首席化妆师。那时，我在后台经常被超模们叱责："这个卷发要更竖起一些！""一上T台还没走几步，发型就脱落了，一定要用发夹好好固定住！"是她们教会了当时仍缺乏自信的我要有追求"完美"的专业意识。

一直为伊曼纽尔·温加罗（Emanuel Ungaro）（法国服装名牌）做PR宣传的温加罗女士则教会了我美妆与优雅同在：要把握好化妆室的气氛，化妆要有节奏感，被关注时行为举止要优美。而《Vogue》杂志美国版主编安娜·温图尔（Anna Wintour）每次来巴黎参加时装发布会，都会指名要我为她化妆。在业界，安娜·温图尔以严格出名，但在我和她一对一时，她却是那么的温和、优雅。虽然每次化妆时间只有短短的10分钟，但她却教会了我不要忘记体谅、关怀对方，这才是真正专业人士的优雅。

我成为化妆师之后受到的一次较大的冲击，便是和简·柏金的相遇。对我来说，保持青春是理所当然的事情。但是当她出现在我眼前时，却是一脸幸福的皱纹。也是在那时我才意识到，随着年龄增长而出现的皱纹竟是如此的美丽。从她那里，我第一次懂得了不仅抗衰老很重要，美丽的老龄化也很重要。

我在日本想传达的东西

自2007年开始，东京的工作渐渐多了起来，我现在以东京为根据地，来往于巴黎。生活虽然忙碌，却很愉快。巴黎永远是我的归宿，我无时不刻的恋着巴黎。

在日本，"少女气息"、"可爱"是主流。但我希望通过这本书，在传授Eita美妆技巧的同时，也把巴黎的精髓传给大家：不同的年龄有着不同的美，明天的自己比今天更美丽。

在巴黎，成熟女性非常具有魅力，很受欢迎，如醇酿美酒般让人回味无穷。她们懂得真正的优雅和美丽，不在于年龄，而在于自身日积月累的魅力。

我生日时，《Vogue》杂志美国版主编安娜·温图尔送给我的礼物——花束。每次她来巴黎参加时装发布会，都会指名要我为她化妆。

我定期为简·柏金做美发，她为了表示感谢，送给我一幅亲手画的素描画，她的女儿Lou Doillon担任模特。这幅素描画是我的宝贝。

受温加罗女士的钦点，担任伊曼纽尔·温加罗（Emanuel Ungaro）男装发布会的化妆师。这是我在巴黎的固定工作，在回东京之前，每季都不曾间断过。

后记

一直梦想着能为母亲做一头漂亮和服发型的青年，赴法后已经度过了20年的岁月。

在巴黎我得到了许多朋友的支持，不知不觉间恋上巴黎，成为了发型师。

"只要坚持，梦想定会实现"，是我在巴黎期间懂得的。

我还记得那段岁月：身上只剩下4法郎，只能将硬硬的棒状法式面包泡在牛奶里，做成法式吐司。

在巴黎时装会的后台，在T台的后面，在一流的设计师中间，我学会了真正的"优雅"。

全身心感受巴黎，对我来说比什么都重要。

独占这些美丽的际遇和经验实在是太浪费了，我一直想将自己亲眼看到的、亲身感受到的和大家一起分享。

化妆是女性的特权。如换衣服般变换妆容，会让你发现各种不一样的自己。迁往东京后，很多好友陪在我身边，和我一起追逐梦想。也因为他们，这本美妆书才得以诞生。

若是这本书能给你丰富的生活再添上一些精华，就再好不过了。

至今我得到了很多人的帮助，内心充满了感谢之情。若是将全体人员的名字一一列举，恐怕会太多了。

最后，感谢我的父母、兄弟、祖父母，感谢我的朋友们，感谢我的恩师，感谢他们一直支持我。感谢阅读此书的读者，感谢你们的厚爱和支持。

非常感谢！

Eita

TITLE：［Eitaメイク　シンプルリッチなParis Look］

BY：［Eita］

Copyright ©Eita, 2010

Original Japanese language edition published by Wanibooks Co.,Ltd.

All rights reserved. No part of this book may be reproduced in any form without the written permission of the publisher.

Chinese translation rights arranged with Wanibooks Co.,Ltd.,Tokyo through Nippon Shuppan Hanbai Inc.

©2013，简体中文版权归辽宁科学技术出版社所有。

本书由日本株式会社Wanibooks Co.,Ltd. 授权辽宁科学技术出版社在中国范围内独家出版中文简体字版本。著作权合同登记号：06–2011第223号。

版权所有·翻印必究

图书在版编目（CIP）数据

顶级造型师Eita的星级美妆术/（日）荣太著；马金娥译.—沈阳：辽宁科学技术出版社，2013.3

ISBN 978-7-5381-7785-5

Ⅰ.①顶… Ⅱ.①荣…②马… Ⅲ.①女性–化妆–基本知识 Ⅳ.①TS974.1

中国版本图书馆CIP数据核字（2012）第287187号

策划制作：北京书锦缘咨询有限公司(www.booklink.com.cn)
总 策 划：陈 庆
策 划：李 伟
装帧设计：柯秀翠

出版发行：辽宁科学技术出版社
　　　　　（地址：沈阳市和平区十一纬路 29 号　邮编：110003）
印 刷 者：北京瑞禾彩色印刷有限公司
经 销 者：各地新华书店
幅面尺寸：160mm×230mm
印 　 张：6
字 　 数：80千字
出版时间：2013年3月第1版
印刷时间：2013年3月第1次印刷
责任编辑：郭 莹 谨 严
责任校对：合 力

书 　 号：ISBN 978-7-5381-7785-5
定 　 价：28.00元

联系电话：024-23284376
邮购热线：024-23284502
E-mail: lnkjc@126.com
http://www.lnkj.com.cn
本书网址：www.lnkj.cn/uri.sh/7785